Bibliografische Information der Deutschen Nationalbibliothek:

Die Deutsche Bibliothek verzeichnet diese Publikation in der Deutschen National-
bibliografie; detaillierte bibliografische Daten sind im Internet über http://dnb.d-
nb.de/ abrufbar.

Impressum:

Copyright © 2016 GRIN Verlag
Druck und Bindung: Books on Demand GmbH, Norderstedt Germany
ISBN: 9783668763258

Dieses Buch bei GRIN:

https://www.grin.com/document/434959

Antonio Salmeri

Mediale Verräumlichungen am Beispiel "Mitteldeutschland"

Regionale Identitäten und Medien

GRIN Verlag

INSTITUT FÜR GEOGRAPHIE

Seminar zur Regionalgeographie

WiSe 2015/2016

Mediale Verräumlichung – Eine Analyse am Beispiel *Mitteldeutschland*

Antonio Salmeri

Innsbruck, am 28.01.2016

Inhaltsverzeichnis

Einleitung

„Fremdheit existiert (...) nur insofern, als ihr durch Grenzziehung Bedeutung zugewiesen wird." Dieses einleitende Zitat aus Georg Glasze et al. (2005, 334) umreißt in groben Zügen den Kerngedanken dieser Arbeit, die sich mit Prozessen der Verräumlichung[1] und medial vermittelten Raumsemantiken auseinandersetzen wird. Dem Verhältnis von Raum und Medien, möchte ich mich durch ein einleitendes Beispiel kurz annähern:

Bilder von Fremdheit sind derzeit wohl ein medialer Dauerbrenner und werden von diversen Sendeanstalten ad absurdum geführt. Wie selbstverständlich wird von einem räumlich gebundenen und intaktem „Wir" gesprochen, dessen Außengrenzen gleichzeitig das unspezifisch „Fremde" konstituieren. Das vorrangige Erkenntnisinteresse diverser Beiträge zu diesem Thema ist es wohl, den ZuseherInnen ebendiese „fremden" Menschen, beispielsweise durch Interviews, ein Stück weit näherzubringen. Charmanterweise verpackt man dieses ambitionierte Ziel allzu oft in Fragen der Herkunft und knüpft es somit an territoriale Kategorien. Ehrlicher, wenngleich scheinbar plump, wäre es doch die Frage *„Woher sind Sie?"* mit *„Wer sind Sie?"* zu ersetzen - schließlich ist es doch meistens genau das, was *wir* tatsächlich von den *anderen* wissen wollen! Die Herkunft, und somit der Raum, dient hierbei als Platzhalter für Bedeutungszuweisungen die das tatsächliche Wesen unseres Gegenübers beschreiben sollen. Damit wird die Existenz von abgrenzbaren und homogenen Kulturräumen vorausgesetzt, die es uns erlauben aufgrund der Herkunft auf ebendiese spezifische Kultur oder kulturelle Identität[2], die diesem Raum scheinbar inhärent ist, rückzuschließen. Diese Beobachtung stellt zwar keinen konkreten Verräumlichungsprozess dar, doch zeigt, wie unsere Sprache und damit unser alltägliches Handeln von räumlichen „Chiffren" durchdrungen ist, die gleichzeitig soziale Wirklichkeiten transportieren. (vgl. Wille & Reckinger 2013)

Die einfache Frage *„Woher sind Sie"* ist somit wohl in vielen Handlungskontexten ein gedankliches Relikt aus dem Weltbild traditioneller Regionalgeographie der 1940er Jahre, die ebendiesen natur- bzw. geodeterministischen Ansatz vertreten hat. Dieses traditionelle Forschungsinteresse, homogene Kulturräume erdräumlich differenzieren zu wollen, sieht sich aus heutiger (handlungstheoretischer-) Perspektive mit dem Einwand konfrontiert, dass *„nur materielle Gegebenheiten erdräumlich lokalisiert und regionalisiert werden können, nicht aber (immaterielle) subjektive Bewusstseinsgehalte, soziale Normen und kulturelle Werte."* (Werlen

---

[1] Verräumlichung: Ein Begriff der aus einer praxistheoretischen Perspektive stammt, da Räumlichkeit über „soziale Praxis" und somit aus dem *„Zusammenwirken von Körpern, Materialitäten und Wissensbeständen"* entsteht (Kajetzke & Schroer 2013, 11).
[2] zum Begriff „kultureller Identität" vgl. Werlen (2010, 92).

2010, 92). Vielmehr als nach der Existenz oder gar der Abgrenzbarkeit von homogenen Räumen zu suchen, kann lediglich nach dem Entstehungsprozess von Verräumlichungen gefragt werden. In seinem handlungs- und strukturationstheoretischen Entwurf verortet Benno Werlen den Entstehungsprozess in der sozialen Praxis und spricht dementsprechend von *„alltäglichen Regionalisierungen"* (Werlen 1997, 408 ff.). Teil ebendieser sozialen Praxis ist natürlich auch Kommunikation, welche im Rahmen eines etwas engeren Theoriegebäudes vom Systemtheoretiker Niklas Luhmann als (wesentlicher-) *„Baustein des Sozialen"* interpretiert wird (Glaze 2013, 27). Im Rahmen dieser Arbeit möchte ich mich lediglich mit medialer Kommunikation beschäftigen und damit die These aufstellen, dass (auch) mediale Kommunikation eng mit Prozessen der Verräumlichung gekoppelt ist. Dass dies zumindest für das *Fernsehen* Geltung hat, stellt beispielsweise auch der renommierte Schriftsteller Umberto Eco fest: *„Mit dem Fernsehen öffnet sich kein Fenster zur Welt, sondern ein Fenster zur unserer Kultur und Gesellschaft"* (Ziemann 2006, 63).

Aus dieser Annahme resultiert nun die grundlegende Frage dieser Arbeit, die darauf abzielt, den Prozess medialer Verräumlichungen nachzuvollziehen und dessen diskursive Bedeutung zu erörtern. Zur Beantwortung dieser Frage möchte ich mich im ersten Schritt mit *Medien und Raum* beschäftigen, um anschließend, anhand des Beispiels *Mitteldeutschland*, konkrete sprachliche Verräumlichungen zu analysieren.

1. Medien und Raum

Spätestens seit Niklas Luhmanns berühmten Zitat: *„Der größte Teil dessen, was wir über unsere Gesellschaft, ja über die Welt, in der wir leben, wissen, wissen wir durch die Massenmedien."* (1996, 9), hat sich auch abseits der Medienwissenschaften der allgemeine Diskus einer zunehmenden medialen Konstruiertheit unserer Welt etabliert. (vgl. Hickethier 2000) Erkennt man darin den wesentlichen Zusammenhang zwischen Medien und Sozialem und definiert räumliche Wirklichkeiten zudem als ein durch soziale Praktiken entstehendes Konstrukt, wird die Verflechtung von Medien und der Kategorie des Raumes evident. Folgt man zudem den Überlegungen von Marshall Mc Luhan (1995), dass Medien die Körpergebundenheit der Konstitution von Raum überbrücken, müssten sich demnach auch räumliche Wirklichkeiten im Gleichschritt mit der fortschreitenden Mediatisierung verändern.

1.1. Raum und Körperlichkeit

Um nun die Rolle der Körperlichkeit für die Konstruktion räumlicher Wirklichkeiten nachzuzeichnen, möchte ich kurz auf die zwei grundlegendsten Phasen medialer Entwicklung eingehen: Die erste Phase der Medienentwicklung ist von einer unmittelbaren, sogenannten *face-to-face* Kommunikation geprägt und verlangt demnach körperliche Präsenz bzw. *„räumliche Nähe und Gleichzeitigkeit."* (Werlen 2010, 164). Die Besonderheit der aktuellen Medienentwicklungsphase besteht in der Überwindung von körperlicher und kommunikativer Distanz, durch die Möglichkeit, ebendiese Gleichzeitigkeit über ein Medium zu vollziehen. Während sich also in einer ersten Phase räumliche Wirklichkeiten in erster Linie über das unmittelbare Erleben konstruieren, ermöglicht die Aneignung räumlicher Wirklichkeit über medial geteilte Informationen eine ungleich vielfältigere Interpretation regionaler Kontexte. Damit sei bereits auf das erste Paradoxon medialer Raumangebote verwiesen, die trotz der Tendenz zur globalen Homogenisierung, vor allem für den Raum der körperlich erlebt wird, regional sehr vielfältige symbolische Aneignungen bedingen. Anders ausgedrückt, werden persönliche „Lebensräume" medial mit einer fremden Sinngebung versehen, die zwar vom Sender als konsensual geteilte Wirklichkeit dargestellt werden, doch dennoch sehr unterschiedlichen Interpretationen der Rezipienten unterliegen. (vgl. Werlen 2010) Auf globalem Maßstab hingegen können Medien, in Anlehnung an Mc Luhan (1995), als starker Treiber räumlicher Entankerung definiert werden, da das Erleben des Raumes an keine Körperlichkeit mehr gebunden ist. Daraus resultiert laut Benno Werlen ein *„problematischer Hang räumlicher Kategorisierung kultureller und sozialer Gegebenheiten sowie die Konstitution kultureller Gegebenheiten als räumliche Wirklichkeiten."* (2010, 166).

1.2. Verdinglichung des Raumes

Um die gegenwärtige Medienentwicklungsphase zu beschreiben, entwirft Götz Großklaus in seinem Werk *Medien-Zeit Medien-Raum* (1997) den Begriff der *„Medienrealität"*, der eine neue *„Raum-Zeitordnung"* der modernen- bzw. postmodernen Welt beschreibt. Seine Überlegungen folgen dabei unter anderem dem Prinzip der Verdinglichung des Raumes. (vgl. Großklaus, 1995) Werden also Zuschreibungen wie beispielsweise „eigen" und „fremd" (durch mediale Kommunikation-) am „Objekt" des Raumes festgemacht, wird eine untrennbare Einheit von Sinn und Materie vorgetäuscht, die als Verdinglichung bzw. Reifikation bezeichnet wird. (vgl. Werlen, 2010) Daraus wiederum resultieren sogenannte „Raumsemantiken", also Räume, die spezifische Bedeutungen und Sinngehalte implizieren.

1.3. Symbolische Aneignung des Raumes

Die kollektive symbolische Aneignung von solchen Raumsemantiken, kann wohl nach Foucault (1996) als diskursive Handlung[3] bezeichnet werden. „Aneignung" ist dabei als identitätsstiftender Prozess zu verstehen. Wird Raum als scheinbar unveränderbare Größe (medial-) kommuniziert, kann diesem Prozess insofern eine identitätsstiftende Bedeutung beigemessen werden, als dass es dabei um das „sich-identifizieren" mit diesem Raumausschnitt und den implizierten Semantiken geht. Die mediale Kommunikation räumlicher „Entitäten" liefert somit eine Strukturierungsleistung, also ein „sich-einordnen können", welche die Komplexität der Wirklichkeit reduziert und damit Anhalts- und Fixpunkte liefert, die, in einer paradoxerweise ebenso medial- enträumlichten Welt, dankend angenommen werden. Auf diesem zweiten Paradoxon der Medienrealität fußt unter anderem Benno Werlens Erklärungsansatz zur Renaissance von Regio- und Nationalismen[4], die die durch Globalisierungstendenzen aufgerissenen Lücken räumlicher- und zeitlicher Entankerung zu schließen versuchen.

Ziel der handlungsorientierten Sozialgeographie ist es nun solche räumlichen Wirklichkeiten zu dekonstruieren, weswegen ich im Folgenden versuchen möchte den Prozess medialer Verräumlichung am Beispiel des *MDR (Mitteldeutscher Rundfunk)* nachzuzeichnen und zu analysieren. Der Sozialgeograph Benno Werlen (1997, 387 ff.) warnt allerdings davor, rein kausalen Erklärungslogiken zu verfallen. Laut seinen Überlegungen, kann mediale Information höchstens als Voraussetzung für Verräumlichungen gedeutet werden, da sowohl Medienwirkung als auch räumliche Wirklichkeiten stets kontingent, instabil und veränderbar sind. (vgl. Werlen 1997)

2. Analyse am Beispiel *Mitteldeutschland*

Mitteldeutschland ist ein Toponym, dass in seiner Begriffshistorie mit sehr unterschiedlichen Semantiken beladen wurde. Während in der Wissenschaft bis 1945 eine weitgehend *„breiten-parallele Deutung"* (Abb. 1) vorherrschend war, dominierte in den Nachkriegsjahren, in Anlehnung an die *DDR,* eine *„Längen-parallele Deutung"* (Abb. 2) (Schlottmann 2007, 300-301).

---

[3] "eine Menge von Aussagen, die einem gleichen Formationssystem zugehören" (Foucault 1969, 156)
[4] siehe dazu: Identität und Raum – Regionalismus und Nationalismus (Werlen, 2010)

(Abb. 1)   (Abb. 2)

Im Zuge der Studie von Schlottmann et al. (2007) soll nun erforscht werden, ob die „neue Region" *Mitteldeutschland*, wie sie etwa seitens der Sendeanstalt des *MDR* kommuniziert wird, *„tatsächlich kollektiv sinnstiftend ist – wie das hypothetisch vermutet werden kann."* (Schlottmann et al. 2007, 300-301). Eine Hypothese die vor allem deswegen naheliegt, da gerade in jüngster Zeit zahlreiche Studien aus der Sozial- und Kulturgeographie, auf der Basis von Textanalysen, klare Zusammenhänge zwischen bestimmten Images von Regionen und der *„regelmäßigen Verknüpfung sprachlicher Elemente"* festgestellt wurden (Glasze 2013, 29). Dies geschieht vor dem Hintergrund, dass spätestens seit dem sogenannten *linguistic turn* in den Sozialwissenschaften, Sprache und Kommunikation als wesentliche Konstituenten gesellschaftlicher Räumlichkeit gelten (Felgenhauer 2013, 47). Die Forschungsergebnisse zur medialen Verräumlichung *Mitteldeutschlands* wurden ebenfalls zum größten Teil aus Sprachanalysen gewonnen, die das ausgestrahlte Material, den redaktionellen Prozess sowie alltägliche Kommunikationssituationen betreffen.

2.1. Ausgestrahltes Material

Um das Sendematerial des *MDR* einer Textanalyse zu unterziehen, wurde ein Moderatorentext exemplarisch transkribiert.

> *Mit der Festsetzung der Oder-Neiße Linie als östliche Grenze rückt Mitteldeutschland nun wieder – wie schon vor 1000 Jahren – an den östlichen Rand. In den vier Besatzungszonen werden die Länder neu geordnet. In Mitteldeutschland betrifft das Thüringen, Sachsen und Sachsen-Anhalt, die drei Jahre nach der Gründung der DDR in Bezirke aufgeteilt werden.* (Schlottmann et al. 2007, 308)

Die Verwendung von Begriffen wie „Grenze" oder „Rand" implizieren ein traditionelles Raumverständnis, welches die „Region" *Mitteldeutschland* als Entität bzw. als „Container" versteht. Dementsprechend ist dieser Raumausschnitt auch in der Lage, *„seine Position innerhalb einer übergeordneten territorialen Ordnung zu verändern."* (Schlottmann et al. 2007, 309). Die Existenz des „wahren" *Mitteldeutschlands* wird mit einer historischen

Argumentation untermauert. So habe *Mitteldeutschland "nun wieder – wie schon vor 1000 Jahren"*, seine ursprüngliche und, wie es dargestellt wird, einzig-wahre Lage in Deutschland wiedereingenommen. Diese Grenzverschiebungen werden zudem durch kartographisches Material visualisiert. Den ZuseherInnen wird damit das Angebot gemacht, sich innerhalb der administrativen Grenzen der Regionen Thüringen, Sachsen oder Sachsen-Anhalt zu verorten, oder aber, sich mit der übergeordneten „Region" *Mitteldeutschland* zu identifizieren. (vgl. Schlottmann et al. 2007)

2.2. Redaktioneller Prozess

Auch seitens der Redaktion wurde die Verwendung des Toponyms *Mitteldeutschland* auf ähnliche Art und Weise legitimiert. *Mitteldeutschland* sei demnach ein *„Geschichts- und Naturraum"*, dessen Grenzen sich aus dem historischen *„Zusammenwachsen"* sowie der naturräumlichen Einheit ergeben (Schlottmann et al. 2007, 318). Die Logik dieser Argumentation zeigt, wie die Abgrenzbarkeit des Raumausschnittes gar nicht länger begründet, sondern dessen Existenz vielmehr a priori festgelegt wird. Durch die regelmäßige Verwendung des Toponyms wird ein Identifikationsangebot verfestigt, welches nicht länger hinterfragt wird. (vgl. Schlottmann et al. 2007)

2.3. Alltägliche Kommunikationssituationen

Um nachzuvollziehen, inwieweit das Toponym *Mitteldeutschland* tatsächlich von den Rezipienten als sinnstiftend empfunden wird, wurden 80 Leitfadeninterviews ausgewertet, die ein durchaus heterogenes Ergebnis lieferten. Rund 50% der Befragten war das seitens des *MDR* propagierte Mitteldeutschlandverständnis zwar bekannt, doch wurde kaum bzw. nur vereinzelt als identitätsstiftende Bezugsbasis ausgewiesen. Laut der Studie von Schlottmann et al. kann demnach nicht von einem *„durchgreifenden Einflusspotential der Medien"* (2007, 331) gesprochen werden, da offenbar eine Vielzahl weiterer lokaler oder nationaler Identifikationsmöglichkeiten ko-existieren, auf die situationsspezifisch Bezug genommen wird. Ein solcher kommunikativer Kontext, der die Verwendung des Toponyms *Mitteldeutschland* nahe legen würde, wäre die Vermeidung des negativ konnotierten Begriffs *Ostdeutschland,* um auf den Raumausschnitt Thüringen, Sachsen und Sachsen-Anhalt zu verweisen. Um sich dieser Vermutung zumindest ansatzweise anzunähern, wird in folgender Grafik die Anzahl der Suchanfragen der Begriffe „Ostdeutschland" (oben) und „Mitteldeutschland" (unten) über

Google dargestellt. Die Grafik zeigt die Anzahl an Suchbegriffen im Verhältnis zum Höchstwert des jeweiligen Charts in den Jahren 2004 - 2016 (Abb. 3).

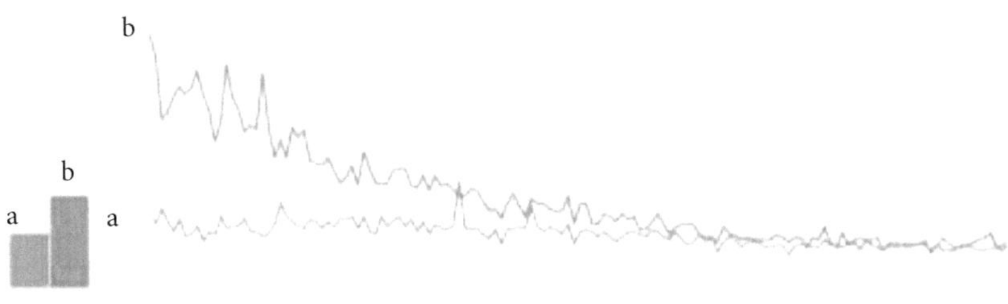

(Abb.: 3: *Google-Trends* Analyse „Ostdeutschland" (oben / rechts) / „Mitteldeutschland" (unten/ links))

Auf ersten Blick kann die Tendenz festgestellt werden, dass das Toponym *Ostdeutschland* zwar zunehmend an Bedeutung verliert, jedoch keine Neubesetzung durch den Begriff *Mitteldeutschland* erfahren hat.

Zusammenfassung

In Anlehnung an Benno Werlens „Warnung" vorschnellen kausalen Erklärungen zu verfallen, kann, zumindest am Beispiel *Mitteldeutschland*, nicht von der kollektiven identifikatorischen Aneignung dieses medial kommunizierten Raums gesprochen werden. Dabei scheint weniger die Durchsetzung eines bestimmten räumlichen Idenfitifkationsangebots, als gerade eben die „*Beliebigkeit und Vielfältigkeit*" der Zuordnung eine aktuelle Entwicklung darzustellen (Schlottmann et al. 2007, 332). Medien reproduzieren somit in erster Linie bereits existierende, „traditionelle" Wirklichkeiten, die regional offenbar sehr individuell und nur bedingt symbolisch angeeignet werden. Für den Raum abseits des körperlichen Erlebens, scheinen mediale Verräumlichungsprozesse hingegen eine wichtige komplexitätsreduzierende Funktion zu vollziehen. So knüpft beispielsweise der Medienwissenschafter Thomas Günter den Erfolg des Mediums *Fernsehen* an die Vermittlung „*ontologischer Sicherheiten*" (2000, 99), die wohl unter anderem auch aus der Strukturierungsleistung medialer Verräumlichungen resultieren.

Es wäre aber auch am Beispiel *Mitteldeutschland* an dieser Stelle ebenso vorschnell, medialen Verräumlichungen einen geringen Stellenwert zuzuschreiben. Zygmit Baumann

(2001, 10) verweist beispielsweise auf die zunehmende „*diskursive Relevanz*"[5] des Raumes. Hinsichtlich der Analyse medialer Verräumlichungen würde dies bedeuten, dass eben nicht nur die Aneignung bzw. Durchsetzung, sondern vor allem auch die gesellschaftliche Naturalisierung bestimmter Raumsemantiken sehr kritisch betrachtet werden muss. Der Kritikpunkt der Sozialgeographie setzt in diesem Zusammenhang spätestens dann ein, wenn Raumsemantiken dazu dienen um in weiterer Folge bestimmte ökonomische oder politische Handlungen zu legitimieren. Denkt man dabei beispielweise an die mediale Verräumlichung einer „*Achse des Bösen*" oder von „*Schurkenstaaten*", wird klar, wie stark die Konstruktion gesellschaftlicher Wirklichkeit in Macht- und Herrschaftsstrukturen implementiert ist und Raum damit sehr große diskursive Bedeutung zukommt. Von diesen plakativen Beispielen abgesehen, kann eine solche Instrumentalisierung auch am Beispiel *Mitteldeutschland* nachgezeichnet werden. Die Konstruktion eines mitteldeutschen Raumes wird beispielsweise für ökonomische Akteure interessant, um am internationalen Parkett stärker wahrgenommen zu werden oder um aufgrund der größeren Wirtschaftsleistung höhere Förderungen zu erlangen. (vgl. Schlottmann 2013) Auch im politischen Kontext wird beispielsweise zur Forcierung von Regionalentwicklungsprogrammen auf das Prädikat „mitteldeutsch" rückgegriffen, um die Einheit und Relevanz dieses Raumausschnitts zu betonen. In diesem Sinne kann mediale Verräumlichung als Instrument zur „*Durchsetzung, Naturalisierung und Fixierung (...)* *räumlicher Wirklichkeiten*" verstanden werden und ist in diesem Sinne ein „*hegemonialer Akt*" (Glasze 2013, 31). Mediale Verräumlichungen sind somit nur bedingt identitätsstiftend, aber vollziehen durch die Reproduktion traditioneller Wirklichkeiten eine Strukturierungsleistung und legitimieren gleichzeitig Raumsemantiken, die nicht selten zur Rechtfertigung ökonomisch-politischer Entscheidungen dienen.

17.926 Zeichen (inkl. Leerzeichen)

---

[5] zit. nach Werlen 2010, 158

Literaturverzeichnis

Felgenhauer Tilo (2013): „Regionalität als Rationalität. Die argumentative Konstruktion von Regionen." In: *Europa Regional*. Seite 47-60, Band 21 (1-2).

Foucault Michel (1969): *Archäologie des Wissens*. Suhrkamp.

Glasze Georg (2013): „Identitäten und Räume als politisch. Die Perspektive der Diskurs- und Hegemonialtheorie." In: *Europa Regional*. Seite 23-35, Band 21 (1-2).

Glasze Georg, Pütz Robert & Schreiber Verena (2005): „(Un-) Sicherheitsdiskurse. Grenzziehungen in Gesellschaft und Stadt." In: *Berichte zur deutschen Landeskunde*. Seite 329-340, Band 79 (2-3),

Großklaus Götz (1995): *Medien-Zeit, Medien-Raum. Zum Wandel der raumzeitlichen Wahrnehmung in der Moderne*. Frankfurt am Main: Suhrkamp.

Günter Thomas (2000): „Liturgie und Kosmologie. Religiöse Formen im Kontext des Fernsehens." In: Günter Thomas (Hrsg.): *Religiöse Funktion des Fernsehens?* Wiesbaden: Westdeutscher Verlag.

Hickethier Knut (2000): „Transformationen. Sinnstiftung, Wertevermittlung und Ritualisierung des Alltags durch das Fernsehen." In: Günter Thomas (Hrsg.): *Religiöse Funktion des Fernsehens?* Wiesbaden: Westdeutscher Verlag.

Kajetzke Laura & Schroer Markus (2013): „Die Praxis des Verräumlichens. Eine soziologische Perspektive." In: *Europa Regional*. Seite 9-23, Band 21 (1-2)

Luhmann Niklas (1996): *Die Realität der Massenmedien*. Online Zugegriffen, am 15.01.2016 http://ir.nmu.org.ua/bitstream/handle/123456789/123797/d9488a0242986b474f4f47d21 e58831b.pdf?sequence=1

Schlottmann Antje, Felgenhauer Tilo, Mihm Mandy, Lenk Stefanie & Schmidt Mark (2007): „Wir sind Mitteldeutschland. Konstitution und Verwendung territorialer Bezugseinheiten unter raum-zeitlich entankerten Bedingungen." In: Werlen Benno (Hrsg.): *Sozialgeographie alltäglicher Regionalisierungen. Band 3. Ausgangspunkte und Befunde Empirischer Forschung*. Stuttgart: Franz Steiner Verlag. Seite 297-336.

Werlen Benno (1997): *Sozialgeographie alltäglicher Regionalisierungen. Band 2. Globalisierung, Region und Regionalisierung*. Stuttgart: Franz Steiner Verlag.

Werlen Benno (2010): *Gesellschaftliche Räumlichkeit 2. Konstruktion geographischer Wirklichkeiten*. Stuttgart: Franz Steiner Verlag.

Wille Christian & Reckinger Rachel (2013): „Räume und Identitäten als soziale Praxis." In: *Europa Regional*. Seite 3-8, Band 21 (1-2)

Ziemann Andreas (2006): *Soziologie der Medien*. Bielefeld: Transcript Verlag.

Abbildungsverzeichnis

Abbildung 1 (Breitenparallele Deutung Mitteldeutschland): Schlottmann Antje, Felgenhauer Tilo, Mihm Mandy, Lenk Stefanie & Schmidt Mark (2007): „Wir sind Mitteldeutschland. Konstitution und Verwendung territorialer Bezugseinheiten unter raum-zeitlich entankerten Bedingungen." In: Werlen Benno (Hrsg.): *Sozialgeographie alltäglicher Regionalisierungen. Band 3. Ausgangspunkte und Befunde Empirischer Forschung.* Stuttgart: Franz Steiner Verlag. Seite 300.

Abbildung 2 (Längenparallele Deutung Mitteldeutschland: Schlottmann Antje, Felgenhauer Tilo, Mihm Mandy, Lenk Stefanie & Schmidt Mark (2007): „Wir sind Mitteldeutschland. Konstitution und Verwendung territorialer Bezugseinheiten unter raum-zeitlich entankerten Bedingungen." In: Werlen Benno (Hrsg.): *Sozialgeographie alltäglicher Regionalisierungen. Band 3. Ausgangspunkte und Befunde Empirischer Forschung.* Stuttgart: Franz Steiner Verlag. Seite 300.

Abbildung 3 (*Google Trends* – Analyse): https://www.google.com/trends/explore#q=ostdeutschland%2C%20mitteldeutschland&cmpt=q&tz=Etc%2FGMT-1, Zugegriffen am: 25.01.2016

BEI GRIN MACHT SICH IHR WISSEN BEZAHLT

- Wir veröffentlichen Ihre Hausarbeit,
  Bachelor- und Masterarbeit

- Ihr eigenes eBook und Buch -
  weltweit in allen wichtigen Shops

- Verdienen Sie an jedem Verkauf

Jetzt bei www.GRIN.com hochladen
und kostenlos publizieren